U0270485

ZS
智识塔

趣说
中国古代天文学

张文杰 著　胡中为 审

曾博文 图

上海交通大学出版社
SHANGHAI JIAO TONG UNIVERSITY PRESS

内容提要

本书选取中国古代天文学发展过程中的一些重要主题和相关天文发现事件,比如历法的制定、天文观测仪器、三种宇宙观,二十四节气的发现、彗星的出现,以及日月食、"五星出东方""千里差一寸"等天文观测记录,运用幽默诙谐的笔触,并穿插与天文发现相关的有趣史料故事与精美绘图,介绍了中国古代天文学的思想由来、历史成就、知识技术、学说影响和人文精神。本书读者对象为广大青少年学生及天文爱好者。

图书在版编目(CIP)数据

趣说中国古代天文学/张文杰著. —上海:上海
交通大学出版社,2024.5
ISBN 978-7-313-30593-0

Ⅰ.①趣… Ⅱ.①张… Ⅲ.①天文学-中国-古代-
青少年读物 Ⅳ.①P1-092

中国国家版本馆 CIP 数据核字(2024)第 075376 号

趣说中国古代天文学
QUSHUO ZHONGGUO GUDAI TIANWENXUE

著　　者:张文杰
出版发行:上海交通大学出版社　　　　地　　址:上海市番禺路 951 号
邮政编码:200030　　　　　　　　　　电　　话:021-64071208
印　　制:上海万卷印刷股份有限公司　经　　销:全国新华书店
开　　本:880mm×1230mm　1/32　　印　　张:4.625
字　　数:63 千字
版　　次:2024 年 5 月第 1 版　　　　　印　　次:2024 年 5 月第 1 次印刷
书　　号:ISBN 978-7-313-30593-0
定　　价:49.80 元

版权所有　侵权必究
告读者:如发现本书有印装质量问题请与印刷厂质量科联系
联系电话:021-56928178

播下热爱科学的种子

　　充满神秘感的浩瀚星空和无垠宇宙吸引着古今中外人类为之着迷、探索不止,从而创造了灿烂的天文科技文明。这其中,中国古代天文学作为中华民族传统文化的重要组成,以其独特魅力和对世界的不朽贡献如启明星般生辉于东方,闪耀千古,是我们中华民族引以为傲的创新源泉。

　　中国古代天文学在编制历法、天象观测、仪器制造三个方面,都取得了辉煌的成就。中国古代历法主要反映日、月及五大行星的运动规律并对其做数值描述,如准确反映月相变化,准确计算太阳回归年长度,确定二十四节气,从而指导农业生产和人民生活。有明确记载的历法是从汉武帝时的《太初历》开始的,后来比较有影响的几次历法修订有南朝祖冲之制定的《大明历》,隋朝刘焯编制的《皇极历》、唐朝僧一行编制的《大衍历》,元朝郭守敬编制的《授时历》,明末徐光启主持编修的《时宪历》(后经天主教耶稣会传教士汤若望删改压缩后献给了清朝,近代所用的旧历就是时宪历,通常叫作夏历或农历)。其中,在《皇极历》中,刘焯在世界上第一次提出并运用了等间距二次内插数学公式,给出了一批十分精确的天文数据,并最早提出了黄道岁差的概念和具体数值。唐朝僧一行是世界上用科学方法实测地球子午线长度的创始人,他在《大衍历》中,对天体运动的理解、实测,以及计算技巧都有重大革新。元朝的《授时历》精确计算出一年为 365.2425 日,与现代公历基本一致,达到世界领先水平,堪称古代中国历法的巅峰之作,代表了中国古代天文学的最高水平,其编制方法和思路为后世天文观测和研究提供了重要参考。

河南安阳出土的中国殷商王朝后期都城遗址殷墟的甲骨文中丰富的天象记载表明,我国保存有世界上最早最完整的天象观测记录。世界天文界公认,中国对新星与超新星的观测(商代甲骨文中记载了大约公元前 14 世纪出现在天蝎座 α 星附近的一颗新星)、日食的记载(公元前723年日全食的观测)、彗星的发现(公元前1034年、公元前613年、公元前240年分别有观测记录),以及太阳黑子的观测(公元前28年的西汉时期)与流星雨记载(从战国时期魏国古墓中出土的《竹书纪年》记载了3000多年前夏朝的一次流星雨事件)等,都属世界最早且记录丰富详尽,至今仍有很高的科学价值。

天文学是一门实验科学,研究天文离不开观测。我国自古就有很多观测天象的台址,现存最完好的当属河南登封观星台与北京古观象台。观象台或观星台上放有各种观测天象的仪器,我国古代在天文观测仪器研制方面也有不凡的成就。如东汉时期的张衡制作了世界上第一台利用水力作为动力的浑天仪。元代郭守敬创制了十多种天文观测仪器,如简仪、高表、仰仪等。凭借先进的天文仪器,中国古代天文学才得以积累上述丰富的观测数据。

英国天体物理学家霍金曾说过:"记得仰望星空,而不是看着脚下。"从幼儿到成年,很少有人不对绚烂星空充满幻想与神往。为尽早形成正确的宇宙观,国外好多国家在孩子很小的时候就开设了天文启蒙教育课,在构建孩子宇宙观的同时也激发了孩子的想象力。因为在仰望星空时会产生无数疑问,而探索这些问题答案的过程就可以激发孩子对天文学的好奇心和求知欲,进而培养他们的探索与进取精神。

《趣说中国古代天文学》就是一本很好的天文学启蒙读物,它追溯中国古代天文发展成就,汲取其创造思维与革新精神,对于培养青少年的民族自豪感,塑造其创新思维,培育当代新质生产力,从而完成中华民族的伟大复兴使命具有重大现实意义。

《趣说中国古代天文学》运用青少年读者喜闻乐见的故事加图说方式,以活泼的语言,将知识融入历史和故事,将科学展述为文学和精神,从而让广大青少年了解中国天文学的源流,培养其观察与思考能力,激发其探索宇宙的兴趣,帮助他们形成正确的宇宙观,全面的人生观和价值观。我也期盼本书能在青少年心中播下热爱科学的种子,点燃探索自然奥妙的火花,促使其更加主动求知和自觉学习。

崔向群

中国科学院院士
世界科学院院士
2024 年 4 月

星空写满故事

在"祝融号"登上火星的时候,我心潮起伏,就想写点什么与人分享。我是天文爱好者,读了不少天文学著作,最近看到一本法国人写的《4000 年中国天文史》由中国引进出版发行。一个外国人都能深入研究中国天文史并付诸笔端,这很是鼓舞了我,我有了种想给青少年和天文爱好者讲讲中国天文发展史中的有趣故事的冲动。于是,我动笔了。

在深入研读中国天文历史知识时,我发现,中国古代天文学充满神奇色彩,神话传说多,科学发现多,天文故事多,发明创造多,这些很能激发一个人对天文的兴趣。于是我情不自禁地将这些点滴有趣故事编缀起来,撰写成这本《趣说中国古代天文学》。

　　远古的人,脚踏大地,仰望天空,由于生活和生产的需要,在观察周围大地的环境状况与天象及其奇妙变化时,甚感迷茫不解,于是寄托于"神鬼附身、玄幻操弄"等迷信或神话及假想,并联系天象关系而形成了占星学。在观察天象中,虽然古代占星学与科学的天文学混杂在一起,占星家与天文学家身份相兼,然而,从天象观测资料却可以提取出科学的天文学,如:20世纪80年代江苏科学技术出版社出版的《中国古代天象记录总集》收集了古籍中有关太阳黑子、极光、陨石、日食、月食、新星和超新星、彗星、流星雨、流星等记录一万多项。

　　天文学、算学、农学、医学,是中国古代非常重要的四大科学。以天文学观测天象规律而授时编历,以算学营造生活,以农学兴旺苗木,以医学疗疾救人,帝工将相治国,老百姓生产生活,可以不涉其他学问,但这四门科学是万万离不得的。特别是帝王以天子名义统治社会,天文学成为官方正学,再加上中国古代掌管天文的主官级别非常高,而这些都不是平民随便有资格或有条件可为之的,这本身就为天文学贴上了神秘色彩。

既是官学正统,必然是集天下精英和尽国之力量而为之的事情,在这方面,皇帝是不惜本钱的,天文学家、史学家、占星家、数学家甚至是不惜生命的,并且历朝历代皆如此。将天文学当作国家头等大事齐心协力,极大地促进了中国古代天文学的发展。

深邃的思想、创新的方法、先进的仪器、正确的测算、科学的星图,以及一代又一代人的不懈坚持,打造了中国古代天文科学的精髓和体系,成为让国人乃至世界观看远近高低各不同风物的摩天巨轮。现在看来,中国古代天文学带给我们的何止是知识和技术,其中的思想和精神才是我们更应吸收转化的最佳养分。

《趣说中国古代天文学》就是将中国古代天文知识和技术、科学思想和精神融会其中的一本科学普及书。本书选取了中国古代天文学发展史上一些比较有代表性的事件,包括神话传说、科学故事、历史介绍、知识分享,将知识融入故事,将科学化于文学,以趣说的方式表现。本书不仅以点带面地介绍中国古代天文学的知识、事件和历程,而且将枯燥的纯学术研究、呆板的知识介绍，转化为讲历史、说故事，增强了趣味性和可读性。将天文知识与文学典故、神话传说、事件剖析相融合，从而体现中国古代天文学发展历程的举步维艰，研究成果的来之不易、科学精神的光辉耀眼，这是本书要体现的中心点，更是让广大读者，特别是青少年读者和天文爱好者在愉快阅读中的用心体会之处。本书的另一个特色是，在每一篇的篇首创作了一首小诗概说全篇，引用了许多天文历史典故、民间传说和诗词曲赋金句，以合古说古韵，作为阅读导引。

本书在撰写过程中得到了我国资深天文学家胡中为先生的指导，他提出了很多宝贵意见，我都吸纳融入行文中，在此致以诚挚的谢意！

星空写满故事，读懂它，就从悦读《趣说中国古代天文学》开始。

限于个人文化视野和知识水平，书中难免有不妥之处，敬请读者朋友批评指正。

张文杰

2024 年 3 月

Contents

引言 / 001

1　天从何来 / 003

2　天圆地方 / 019

3　囚禁历律 / 033

4　天造地设 / 051

5　观象占星 / 061

6　帛书星语 / 077

7　宇宙三观 / 093

8　千里一寸 / 107

9　客星迷案 / 119

结束语 / 131

引　言

原起混沌生于一，
盘古挥斧也堪奇。
九天探微玄且深，
凝为成学今日依。

　　一首小诗，道明中国古代天文学历程，起源于混沌迷蒙，借助于神话传说，朔成于艰辛探究，恩泽于后世今生。那么中国古代天文学到底有哪些值得称道的地方，又有哪些奇闻逸事，更有哪些影响至今，列位读者，待我择其精要慢慢道来……

天从何来

苍天何来，人类何在？
未解之谜古至今，混沌承原真。
盘古生，挥斧开天成；
盘古死，躯化万物景。

天高九万，地迥无极。
帝王奉天号百姓，天下莫不从。
天最灵，千呼风雨顺；
天最钝，万唤未有应。

一个同时包含哲学、科学和玄学的问题：先有蛋还是先有鸡？

话说有几个难题，自古以来，无论是谁也说不清楚。比如，天是什么？地是什么？天是咋来的？人是哪来的？最后这些问题类同到另一个亘古难解之谜：先有鸡，还是先有蛋？

　　先有鸡，还是先有蛋？这个问题，现在还有人辩论不休。鸡下蛋，蛋孵鸡，这是不论谁都知道的科学的实实在在的真理。于是：

　　正方辩手：先有鸡？没有蛋，"先有鸡"的这只鸡是哪来的，不是蛋孵的吗？应该是先有蛋！

　　反方辩手：先有蛋？没有鸡，"先有蛋"的这颗蛋是哪来的，不是鸡下的吗？当然是先有鸡！

　　人们没有把鸡与蛋先后的事情讲清楚，倒是借助鸡蛋，讲了人们心目中的另一个谜：天是咋来的。

　　传说在很远很远的远古时期，出现了一个很大很大的大到不知道有多大的物件，其形状像个鸡蛋。至于这个像鸡蛋的物件是怎么来的，怎么摆放的，古今中外谁也没见过，也没有谁能说清楚，我们只能按照想象把它放在脑海里，这样一下子就有这个物件了。

大约在比"很远很远的远古时期"少两个"很远"的远古时期，聪明的中国古人"遐想"了那个大物件：一个不知名的大物件，跟人不一样，且没有嘴没有眼没有耳没有鼻，就像个圆不溜秋、光不溜丢的大鸡蛋，而且里面密不透风毫无光亮，完全是一团糊。但它是有生气的，不断随时光变化而长大。古人给"大鸡蛋"起了名字，叫混沌。

混沌过了多少年，谁也说不清。话说，同时存在的还有两个不知形不知名且像混沌一样有生气的物件，古人也给它们起了名字：一个叫倏，一个叫忽。倏和忽与混沌商量（古人智慧，赋予它们生命，要不然还是讲不清），给混沌改变个模样，变得好看点。混沌同意了。于是倏和忽为混沌挖凿眼睛、耳朵、嘴巴、鼻子，使其有了像人一样的七窍。七窍通，混沌死。混沌没有想到，这样一次改变，葬送了自己的性命。

然而,混沌其实并未死。在它的内里,由它的精气形孕育了一个人形化身——"盘古"。盘古在混沌的"肚子"里沉睡了 18000 年,忽然醒来。盘古睁眼看,漆黑一片,什么也没看着;伸手抓,空空如也,什么也没抓着;用鼻吸,没有气息,什么也没闻着;用耳听,寂静无声,什么也没听着……不仅如此,"大鸡蛋"里的无形物质包裹得是那么紧密,让他呼吸困难、浑身燥热、手脚难伸,盘古极其不爽,火冒三丈。愤怒的盘古想挣脱当前的束缚,他使劲扭动身体:用力向下踩,没有用;用力向上推,没有用;用力向前后左右撞,还是没有用。一筹莫展的盘古用手摸着下巴,想着怎么才能变得自由舒服。猛然间,他的手指碰到了牙齿。他立刻意识到,这是他当前能接触到的最坚硬的东西了。于是,他毫不犹豫拔下一颗牙齿,向周围挥去……

盘古的牙齿变成了利斧,在一下又一下的挥舞中,将混沌劈开。顿时,混沌中原来的物质发生了变化,一些轻的物质变成了气体,向上漂浮聚集;一些重的物质变成了固体,向下沉降凝结。身体舒展了,盘古感觉到了从未有过的爽快。然而,刚被劈开的混沌,还是太狭

西方人口中的上帝之手莫不就是咱们开天辟地的盘古？

窄了,盘古蜷缩其间,不能任意活动。盘古根本不能忍受这样的憋屈。他努力向上、向下伸展,使自己长高、长大。盘古每天长高一丈,伴随着他的力量,头顶上的轻的气体就升高一丈,脚底下的重的固体就加厚一丈。于是,盘古头顶上的气体越升越高,脚底下的固体越积越厚。这样又过了 18000 年,盘古再也不能长高了,气体也不再升高,固体也不再增厚,空间就这样定格了。而此时的上下空间,竟然相距有九万里之遥。唐代李白《上李邕》的诗句"大鹏一日同风起,扶摇直上九万里"中"九万里"的根据应该就是这里。

盘古呢,这时也耗尽生命。这位开辟混沌的英雄,为自己的壮举而自豪。为了使他所开辟的空间更有生气,他在生命终结的最后一刻,奋力一搏,变幻作世间万物:将呼出的气,变成轻风和白云;将呼喊声,变成春雷阵阵;将左眼变成太阳,发出光和热;将右眼变成月亮,照亮夜空;将头发变成星星,闪耀上空;将鲜血变成江河,肌肉变成沃野,身躯变成高山,牙齿变成金属,骨骼变成珍宝,汗水变成甘霖……最后他的精灵魂魄变成了人。

远古时期的人，就是在这样的传说中，知道了人类、山川、星空。随着时代的变迁和甲骨文的出现，人们将飘浮在头顶以上的空气，以及抬头所见的星空日月，统称为天；将位于脚下的土壤，以及低头所见的河流草木，统称为地。天地就这样出现了。再后来，人们将"三才者，天地人"及"天时、地利、人和"作为最为有益和顺通的机道之谓，大概就是纪念盘古开天地的原始造作和讴颂亘古原有的天、地、人这三件永恒事物。

与天有关的女娲补天、夸父逐日、后羿射日等神话故事，将天进一步神秘化、玄幻化，使古人对天充满了敬畏崇拜，奉天为上，尊天为神。遇到为难处，直呼"老天保佑"；身遭不公时，悲鸣"老天爷，你睁睁眼吧"；就连皇帝掌控人民，也要借天说话，自称为天之子，发号施令是"奉天承运"，从而以天愚民。可以说，自从人们知道天，思想中就再没有比天大的事物了。不信你看：天涯海角，最远的地方；一步登天，最高的地方；民以食为天，人类生存中最重大的事情。

然而，天真的是"大鸡蛋"变的吗？如果不是，那它是怎么来的呢？还有，天真的有那么大的法力吗？如

供桌上如果出现猪牛羊，那求的肯定是大事！

果没有,那电闪雷鸣不是老天发怒了吗?

其实不然。现在我们知道,人们所见的"天"主要是地球的大气层,还要加上外空的广阔空间,大气层的气体密度从陆地和海洋的表面开始随着高度的上升而逐渐减小,延续至几百公里外,电闪雷鸣和雾起云涌等气象主要发生于大气低层;大气层如同很厚的有色滤光片,可以透过可见光和无线电波以及部分红外光,因而可用地面的光学望远镜和射电(无线电)望远镜观测遥远的天体,而观测天体其他波段辐射则需要发射外空望远镜或探测器。

古代天文学是因人们的生活与生产需要而产生和发展的。人们顺应太阳的东升西落养成了日出而作、日落而息的作息习惯,夜晚观察到月亮和星星也是东升西落的,于是直观感觉这些天体似乎嵌在一个很大的圆形天球上,并随天球转动,天球的中心是脚下的大地。古代天文学家观测天象,充分利用数学和地理,从而大大地扩展了视野,并有了很多创新思索,形成很多新概念和知识。一个典型的常用概念是角距。不同于我们习惯测定的两点直线距离,古代天文观测到的只可能是两颗星视方向的"角距(离)",即两颗星与观察者连线的夹角,是沿用至今的常用基本概念。比如:北斗七星的斗口两星(天璇与天枢)的角距约为 5 度,两星连线外延 5 倍处的亮星是北极星。

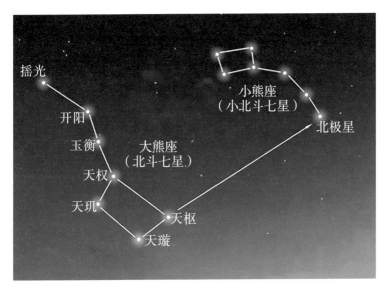

北斗七星与北极星方位图

古人在夜间仰望天空,看到有很多亮度不同的星星好像镶嵌于黑暗天空中。有些星星排列呈几何图形,相对位置保持不变,恰似天上的街市,于是将它们称为"恒星"。北斗七星就是最常见的恒星。其实,恒星并不"恒",各恒星离我们的距离是不同的,它们每日一起随太阳东升西落,也有缓慢又微小而难以察觉的相对位移,还有很长期的演化。另有几颗相对于恒星的位置有较明显位移的星,称为"行星",即金星、火星、木星等。

在中国远古人心目中,太阳是绕着地球转的,东边升起,西边落下,是一种永恒不变的运行规律,"地球中心说"曾一度是古人根深蒂固的认识。人在地球上,感觉不到地球的转动,只看到太阳在动,星星在动,可不是地不动天动嘛。然而,当古人建立起天体结构思维,形成坐标星图后,逐渐知道原来是"惯性"错觉导致了认识谬解,真正的机理是地球围绕太阳(沿黄道)在转动。南宋理学家、天文学家、地理学家蔡发通过长期观测就得出了地球围绕太阳运转的规律,并记载于《天文星象总论》,比西方哥白尼的"日心说"早了400多年。

在长期的观测中,古人还直观感到,天像一个圆球壳笼罩大地,便形象地称天为"天球",而将踩在自己脚下的大地称为"地球",并且古人坚信,"地球"就是"天球"的中心。天球的半径很大,大到无边无际,"嵌"在天球上的日月星辰好像都在同一个球面上似的,但实际上,各天体距离地球是远近不同的。这类似于夜晚拍摄的街市,远近不同的灯光和月亮都在同一张照片面上。随着天文学的发展,古人逐渐建立起了更加科学的天文理念,通过对日食、月食等天象的观察及对大地测量后逐渐认识到:大地和月亮都是圆球形的,且地球绕经过地心的轴自转;经过地心且垂直于自转轴的平面——赤道面将地球"分为"上下两个半球。于此,古人开始对地球进行了更细致的研究,建立地球(经度、纬度)坐标,进而绘制地图。

那么,地与天又有什么关联呢? 聪明的中国古人以自己丰富的想象力,使天地映射。古人想到,为了使观测和研究更加准确,必须将天与地的相对位置明确。于是,古人想象把地球赤道面无限扩大,扩大到与天球相交,并称交于天球的大圆为(天)赤道。这下,天地对应区域一下子就明晰了。在对天地做进一步观测后,古人将太阳在天球上相对于恒星的视移动轨迹定义为"(天)黄道"。赤道面与黄道面的交线交于天球的西点称为"春分点"(赤道面与黄道面的交线交于天球的东点称为"秋分点"),太阳在天黄道周年视运动经过春分点就是春分时刻。有了春分点作为基本点,天赤道、黄道作为基本圆,就可以像建立地球经度、纬度那样,建立天球赤道坐标(赤经、赤纬)系与天球黄道坐标(黄经、黄纬)系。据此,我国古代天文学家创制精巧的浑天

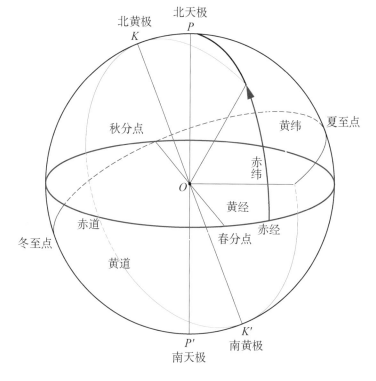

天球坐标系

仪,测定各天体在某时刻的视方位坐标(角度),绘制星图,以及探索太阳、月球和行星相对于恒星的运动规律。

北京古观象台浑天仪

据实绘制地图,凭空绘制星图,这是多么创新的思维和高超的智慧啊!中国古人和中国古代天文学就是这样将神秘玄幻虚空的天,一天一天,一步一步,逐渐变成可理解可释读、习以为常的天。

天圆地方

天高无尽，地袤无垠。
古人翘首叩苍穹，天地可有形？
有传言，天圆地方定；
有书语，三才天地人。

五祖开源，率创物种。
方圆之下不息生，文化有器承。
日月坛，内方见元神；
孔方兄，外圆方合情。

琅琅读书声，谈天说地《千字文》。

没有活过万载千年的人传说天是怎么来的，也没有专门记载说天是怎么有的，但是从现有文献看，自从有人类的历史，人就是活在天地间的。于是，人们在口耳相传中，讲述着天和天理的故事……

远古时期的晚上，没有电灯，更没有电视、手机，人们吃饱喝足后，只能做两件事，要么围着火堆聊天，要么钻进洞穴睡觉。孙儿钻进奶奶的怀里，缠着奶奶讲故事，这是每天的必然程序，要不然孩子们根本睡不着。奶奶于是讲起了奶奶的奶奶讲给她听的故事：

话说这世界分三层，神仙住在天上，人类住在地上，鬼怪住在地下。一个村子里有个年轻人，家里很穷，但是他很善良，非常乐于助人。有一天，他看到一只大鸟受伤了，就把它带回家，给它喂吃、喂喝、养伤，大鸟伤好后恋恋不舍地飞去了。三天后，大鸟衔来一颗种子。年轻人将种子种在自家院里。第一天种子发芽长成大树，第二天大树开满了红色的花，第三天树上结满了金色的果子。年轻人将果子分给众人吃，大家再也不会饥饿了，而且生病的人吃了果子一下子也全好了。第四天，大鸟又来了，它让年轻人骑在它的背上，翅膀轻轻一扇，就飞到天上去了。原来，大鸟是玉皇大帝后花园里的一只仙鹤，偶然间受伤跌落人间，受到年轻人的救助。回到天上，仙鹤向玉皇大帝报告了年轻人的善行，于是玉皇大帝命令仙鹤用金果的种子考验年轻人，看他是不是真的善良，看他是不是贪财之人。结果，年轻人像神仙一样无欲无求，一心想着他人。玉皇大帝就命仙鹤将年轻人带到天上，也变成神仙，负责饲养后花园的仙鹤。

末了，奶奶说："人就是要多做好事，做善良之人，才能得到神仙的帮助和保佑。还有，善良的人死了，最

023

"跳出三界外，不在五行中"者神仙也！

后也都到天上去了,也都变成了神仙。"

"那鬼怪呢?它们做什么?"孙子满是好奇地问奶奶。

奶奶说:

> 地下的鬼怪可不像天上的神仙那么好,它们面目狰狞,阴险恐怖,人人避而远之;它们见不得阳光,白天藏在地下,晚上跑出来害人。谁做了伤天害理的事情,鬼怪就把他拉到地下去,砍头,挖心,用锯子锯,下油锅炸,可惨了。要是小孩子不听话,鬼怪就让他要么肚子疼吃不下饭,要么脚趾头疼走不了路。特别是晚上不好好睡觉大声说话的小孩子,要是被无头鬼听到,无头鬼就会让他做噩梦,还会让他尿床⋯⋯

奶奶和奶奶的奶奶虽是远古时代人,但她们所讲的天地人故事,绝不是信口而来,不可能没有根据。现在的一些佛学书籍中、寺院的壁画上,讲说六道轮回、劝人为善的图文,均有他们的故事场景。最能说明这件事的一件实物，大概要属"马王堆帛画"。

　　"马王堆帛画"是 1972 年湖南省长沙市东郊出土的马王堆汉墓文物，画面清晰，形象完整。整幅画以想象描绘了人们心目中的天上、人间、地下，色彩鲜艳，非常华丽。画呈"T"形，上部长方形一块明显大于下面，这显然是天在上且天大于地的意思。上部中间画有

马王堆汉墓出土的"T"形帛画

龙、虎、鹿、凤等瑞兽和仙人,右侧与左侧分别有内立金乌的太阳和与蟾蜍、玉兔、嫦娥相伴的月亮,以及祥云、仙鹤,组成了人们意念中祥和幸福的天上;画的中部有华盖艳服,妇人徐行,侍女随从,仆人跪迎,表达了礼仪持重的人间气息;画的下部与中上部内容迥异,吐信长虫、蛇头龟身怪、一头三身鸥、羊首豹身兽等奇形怪物分布,彰显令人恐怖战栗的地下环境。

或许,远古人就是在这样的期许中认识天地的。虽然,他们把艰难困苦与美好期待寄情于天地鬼神,带有不切实际的色彩。但是,他们对日月星辰的认识和依照自然规律生产生活,已然在不知不觉中形成了自己的宇宙观,当然,与此同步的还有人生观和价值观。

从历史学可知,夏朝是中国的第一个朝代。夏以前的远古人,在所有人的认知中,都是神一样的存在。于是乎,中国的物种起源认识大多数与神话、传说相关联。比如,有巢氏教人们筑巢定居,以躲避风雨猛兽;燧人氏教人们钻木取火,以改变茹毛饮血;伏羲氏教人们驯化渔猎,以提高生产能力;女娲氏教人们孕育造物,以实现接代传宗;神农氏教人们种植五谷,以度

传说中的"上古之神"个个都是技术大牛！

过饥荒灾害。而这五氏，就是传说中的上古之神，也是中国人的祖先。

在五氏的开世创造之下，人类不断繁衍进化，逐渐有了对白昼黑夜的日历认识，有了对月相圆缺的月历认识，有了对天高地阔的空间认识，有了对东西南北中的方位认识，进而形成了初步的宇宙观。特别地，从公元前约 21 世纪的夏朝开始，古人将天、地、人对接，将天文、地理、君王关联，成为中国古代天文研究的开端。

人管人，被管的人一般是不服气的。但是天管人，被管的人没有不服气的，因为天意谁敢违抗，否则天打五雷轰。要知道，遭天谴，那是最不得了的事情。于是，以君王为天子，以承"天命"来管地与普通人，成为封建王朝统治国家、驱策人民的借口与手段。而为了使这种借口有来由和为了使手段让人信服，历代君王将观天测地，从而号召万民"顺应"天意，作为头等重要的大事。

君王以天管人，首先要做好的是地上的事，即建皇城、筑祭坛，以地上的"玄虚"来震慑老百姓，然后以"通天"之话语来统治老百姓。为了使这种玄虚更加神秘和权威,君王自谓是天之子,能与天通话、接受天意,被称为天子,天子能管到的地方被称为天下。大概就连神鬼也不知道天与天子说了什么话,但是皇城的威严、祭坛的庄重,在老百姓的心目中定格成一种公知。

在古代,中国人对天地有一种直观感觉的简单识念:天是圆的,地是方的。此念贯穿了古人的阴阳思想。天在上为阳,圆象征着运动;地在下为阴,方象征着静止。天地之所以安然自若,就是有这样的阴阳平衡、动静互补。故而,"天圆地方"成为古人心目中一种极为稳固祥泰的模式,这种理念也日益贯穿于日常生活中。比如,外圆内方的古代钱币、圆水环绕的四方古城、祭祀坛、四合院,都是这种思想的具体化现,且一直流传至今。

古代君王顺应"地理",将皇城、皇宫一般建设为正方形或长方形。并且,建皇城的地方,一般是国家的中心(或者象征中心),而皇宫又建在皇城的中心,并且无论哪一朝代的皇宫建设,都遵从中国人的宇宙观,即东、南、西、北方向的建筑要各有讲究,更重要的是中心的建设,既要重点凸显,又要与四方关联,从而使得整

在古人心目中，不以方圆，就是没有规矩！

个皇宫建筑既各有玄机又统一为整体。除此之外，城外还要建筑祭坛，以把握时机与天对话。

北京的紫禁城延续古代传统，其南向正中的大门命名为"天安门"，始建于1417年，初名"承天门"，即"承天启运，受命于天"之意。紫禁城外的天坛、地坛、日坛、月坛，是皇帝用来与天通话的神圣场所。东边的日坛祭春，南边的天坛祭夏，西边的月坛祭秋，北边的地坛祭冬。一年四季，一年四祭，不管皇帝信不信，老百姓是最信服的。看着虔诚祈祷的皇帝，听着震响天宇的鼓号，老百姓相信皇帝是真心爱护天下苍生的，老百姓更相信天给天子授予了真言密语来保护国家太平安全。

于是，"普天之下，莫非王土，率土之滨，莫非王臣"，老百姓就在这样的"天"下幸福生活，繁衍生息，绵延不断。

囚禁历律

有容为宇，有序为宙。
时间空间具且并，万物乃自行。
日出作，凿井耕田勤；
日入息，人憩喧鸟静。

月相变化，朔望循规。
日月盈昃律历明，倚天划时分。
官有训，天文帝王禁；
官有征，通者莫敢应。

晨兴理荒秽，带月荷锄归，古人的幸福感觉。

我们现在知道,宇宙是个复合词,是一个人为的命名。上下四方为宇,是空间概念;古往今来为宙,是时间概念。宇宙就是世间万物的运动与变化的表观形象。中国古人在公元前两个世纪前就已经形成宇宙思想,而欧洲则是在爱因斯坦提出相对论后才完全理解了宇宙概念。现代宇宙学观点提出,宇宙诞生于一次大爆炸:爆炸生成的物质因膨胀而稀释,形成不均匀的大大小小的云团。较小云团自吸引收缩致热成为发光的恒星,大云团形成很多恒星及星际物质组成的星系。在恒星形成的收缩过程中,由于转动离心力使其外部物质留下而形成盘,盘中的物质小团聚集形成行星,行星周围物质聚成卫星。有的行星或卫星当具备合宜环境条件时,就可以产生有机物乃至生命。大爆炸说是由观测资料和理论做出的推断和假说,在中国人的心目中，这显然是与盘古开天神话无法比拟的。

不论是宇宙爆炸说，还是盘古开天说，宇宙是实实在在的存在。并且，浩瀚无垠的宇宙中，卫星环绕行星运行，又与行星一起环绕恒星运行，它们各自沿轨道忙碌运动着，保持一幅井然有序的运动状态。中国古代天文学家在观测中发现，行星旋绕不停，保持着一定的节奏；一年不同时间，夜空所见的恒星也有一定节奏的循环规律。而这些节奏、规律，都或多或少与人类大自然的季节变换习惯相契合，与动植物繁衍生息习性相关联，能够"指导"人类的生产生活。于是，当作为天子的君王知道可以用星象关联人间万物这个"宇宙密码"时，天文学就成为中国古代研究天象的专门方向和官方首要科学，而掌控历律也成为古代君王统治国家不可或缺的政治手段。

从对中国古代天文学史的考证来看，从第一个王朝夏直至最后一个王朝清，封建政权的合法性及权威性，莫不建立在对"历""律"的官方把控上和对天象事件的权威"解读"上。如对皇历的严格把控：《四大发明的古往今来》（上海交通大学出版社，2022）关于"雕版

群臣拜皇上，皇上拜天上。　耳畔礼乐止，福泽满人间。

印刷"发明之初用于印制皇历的规定，很能说明君王对"历""律"的官方把控：

> 雕版印刷首先用在印制老百姓日常所用的皇历上。老百姓的生活离不开皇历，再穷也要在墙上挂一本，或者在台子上摆一本。因为，皇历不仅印有日期，还印有节气、干支、纳音、合害、冲煞、星宿、方位、生肖、流年等吉凶宜忌事项，以及趋吉避凶的法则。于是，商家顺应社会需求，大做皇历印刷生意。当时，每年的新历书是要由中央司天台奏请皇帝同意后才颁布的，并且官方明令禁止私置日历版。

将日历称为皇历，且要皇帝同意、官方明令才能印制，这种对"历""律"的高度集中的把控，愈发显得权威和贵重。其实，日历的产生，应该是来源于民间，形成于官方。日，有关文献显示，它是最早被创作出来的甲骨文字之一，作为象形字，它是对太阳的符号描述，说明古人早已认识天上有个太阳这个天文知识，而且将

古人每逢人生大事，都会看皇历，趋吉避祸，选个合适的日子。

它命名为"日"。而"日"的另外一个意思,即"一天"或"一昼夜",是人们通过对天文规律的观察得到的定义。这从我国最早的一首诗歌可以知道:

击壤歌

先秦·佚名

日出而作,日入而息。

凿井而饮,耕田而食。

帝力于我何有哉!

一首最简朴的诗歌,道出了古人遵从历律的生活。日出而作,日入而息,古人是随着太阳的升降而进行生产和休息的。太阳从东方升起,天亮了,开启什么都看得见的白昼,可以生产劳动;太阳运行到西方下山,天暗了,迎来什么都看不见的黑夜,只能睡觉休息。关于在作为计时单位时,为什么把"一昼夜"叫作"一日"或"一天",为什么两者等同,没有专门的明确记载。我们可以这样猜想,日出而作或者日入而息,这个人们天天见的周期性的规律,使人们形成了习惯，而这个周而复始的循环是从见日开始的，于是人们便将这样一个昼夜循环称为一日。至于将日叫作天，大约是古人认为日在天上，见日才见天，于是也将日称为天了。

文字记载也好，民间猜想也罢，古人就是有了简单的规律性日历。虽然远古时没有纸和笔，不能做记录，但每天做了什么事情，和接下来哪天做什么事情，古人心中都有个记忆和估算，即心中都有一本日历。

再后来，古人发现，不仅日出、日入有规律，月相的圆缺也极有规律。古人从观测研究中，不仅认识到地球沿（天）黄道围绕着太阳运动，而且还发现，月球就像是地球的小"迷弟"一样，它一刻不停地在（天）白道（即月球在天球上相对于恒星的视移动轨迹）面上绕地球运行，是地球的卫星，月球又随地球一起环绕太阳运动。宋朝科学家沈括在《梦溪笔谈》中已有白道和黄道的论述。

太阳、地球、月亮三者如影随形运动变化，于是就有了月亮的阴晴圆缺，偶尔还会来一下日食、月食

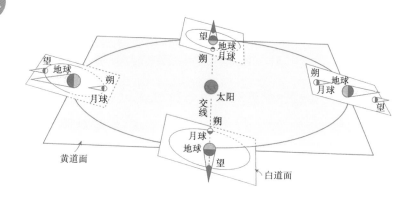

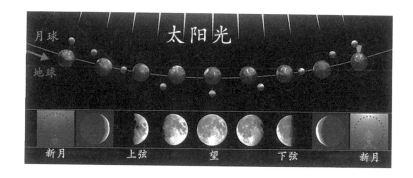

　　月球在白道面环绕地球、又一起在黄道面环绕太阳转动过程中，发生月相的圆缺变化及日食和月食的有趣天象

的"天狗行动"。这些美妙天象是如何产生的呢?

我们知道月球本身并不发光,仅被太阳照射的半个月球是亮的,另半个月球是暗的。月球在沿其轨道运动的过程中,如果恰好暗半球正对地球,我们就看不到月亮了(月朔);此后随着月球继续转动,月球亮半球会逐步转向地球,我们就看到月相从弯月形到凸月形变化;当月球亮半球正对地球时,我们就看到月圆即月望的月相;而后,月球亮半球又逐步背向地球,月相便由凸月形到弯月形变化,然后又到下次月朔。如果月朔那天恰好太阳-月球-地球在一条直线上,则发生日食;如果月望那天恰好太阳-地球-月球在一条直线上,则发生月食。

聪明的古人在长期的观测中,也早已明白了月亮圆缺的规律和日食、月食为什么诡异,于是,把月相循环周期(29.53 日)作为阴历时间单位的"月",并将月朔日定为初一。由于一个月的日数不是整数,编历中只能做近似的整数安排。实际上,我国古代早就测定出阳历一年有 365 日多些,而阴历 12 个月只有 354 日或355 日,因而需要加闰年、闰月的方法来调节到更近于平均实况。至于阳历一年 12 个月则与月相无关,而与四季和节气有关。随着中国古代天文观测精度的提高,历法也在不断改革。

当然,古人在长期的生产生活中,通过观察天文地象变化、动物植物生息,还规律性地总结出了四季,十二个月,二十四个节气。随着文化的发展、文明的进步,以及对天地神鬼的敬畏趋避,古人的日历中更纳入了四象、八卦、天干、地支、吉凶、祸福,使得日历变得极为丰富和有用,不单单有日期的规律记录,更有行事的指示。其实不难想到,所谓日历,起先是远古人生产生活的日记,属于事后记;后来,随着对天文和自然的观察积累,古人归纳出天象的一般规律,总结为唤醒记忆备忘录,属于事前记,即按其规律推算未来,就成为所谓"知天"的日历。

然而,没有君王的命令,没有天的旨意,老百姓怎么能随意行事呢。老百姓的一切行动要听命于君王,老百姓在日常生活中归纳总结出来的关于天地的规律要上缴朝廷。何况,中国古代对老百姓研习天文有着明确禁令:

诸玄象器物、天文图书、谶书、兵书、七曜历、太一雷公式,私家不得有,违者徒二年。私习天文者亦同。

——《唐律疏议》(卷九)

国初学天文有历禁。习历者遣戍,造历者殊死。至孝宗弛其禁,且命征山林隐逸能通历学者以备其选。而卒无应者。

——《万历野获编》(卷二十历法)

国有历禁,谁敢私习?即使"弛其禁",终究"卒无应",谁敢暴露自己"能通历学"?于是,日历这件事情,发明专利在君王,印制版权在官方。于是,日历就成了皇历,成为君王金口玉言下达的"旨意"。

据史料记载,在 4000 多年前,中国远古人就已经懂得了历法,殷墟出土的甲骨历证明了这一点。而中国真正的日历产生于 1200 多年前的唐顺宗永贞元

奉天承运

皇帝诏曰

诸玄象器物、天文图书、谶书、兵书、七曜历、太一雷公式，私家不得有，违者徒二年。私习天文者亦同。

告示，是古时稳定民心和恢复社会秩序的有效手段，没有之一。

年,那时的日历已然比较翔实,包含年月日、天干地支、节气时令,等等。

提到历法,不得不提元代著名天文学家郭守敬(1231—1316 年)作为主要负责人制定的新历法《授时历》,这部历法被誉为古代历法的巅峰之作,其测定一年为 365.2425 日,精度与现今世界上通用的公历(1582 年始施行的源于西方的一种历法)相当,但比西方早采用了 300 多年。为了修订《授时历》,郭守敬改进并创造了多种新仪器,如简仪、高表、仰仪等,使天文观测的精度得到了极大的提高。利用这些仪器,他主要观测了冬至时刻、夏至昼夜时长、二十八宿距度、星表、四海测验、黄赤交角等,这些数据大都是中国古代历法史上最精确的,在当时居于世界领先水平。郭守敬在天文学上的贡献不仅在中国,在世界历史上都占有非常重要的地位:中国科学院国家天文台将国家重大科技基础设施 LAMOST 望远镜命名为"郭守敬天文望远镜";国际天文学会将月球上的一座环形山命名为"郭守敬环形山";国际小行星中心将"小行星 2012"命名为"郭守敬小行星"。

在民间,皇历,无疑是中国古代最具权威性和普及性的天文"学说",而且作为文化流传至今。一本皇历在手,老百姓就知道一年四季该干什么,不该干什么;特别地知道,到了节气日"老天爷"应该做什么,如果不做后果有什么。比如,"夏日雷雨三后晌""霜降无霜,来岁饥荒""小雪见晴天,有雪到年边""八月十五云遮月,正月十五雪打灯"等。这些"天语",往往得到验证。预报农事和生活宜忌,是几千年来老百姓的生活智慧和经验积淀,被称为农家气象谚语。流传到现在,人一代又一代换了,可是老天的"脾性"往往没变。比如,夏季某天某地下午下一场雷阵雨,会连续下三天,人们要依此规律为出行、办事做好相应准备。如果今年八月十五的圆月被云遮挡,让人感觉不痛快,那么来年的正月十五一般要么是阴天,要么是大雪纷扬,五彩缤纷的灯笼在飞雪中绽放光芒,让人何等惬意舒畅。就这样,中国古代天文学在现实生活中运用,脱去玄幻,而有所变为真实。

其实,太阳、月球、天象变化既有复杂的规律,又有短暂的突变(如:太阳发生突然的耀斑或日冕物质抛射），会严重影响地球的环境及气象。气象和气候变化也是规律复杂和多变的，只有在太阳活动和气象变化较稳定时，才会重现类似以前的事件。

天造地设

共工不堪，愤败触山。

柱折维绝天地倾，缘此失平衡。

众星归，落向西北衢；

众流聚，汇向东南瀛。

青白在天，朱玄有位。

二十八宿比四象，天地总相应。

君主宫，殿造天上境；

帝王陵，墓设生前景。

待俺拨云看看天上的星星有几颗。

中国古代天文学是伴随着神话开始的。

话说盘古开天辟地,并化身创造万物,之后便天地安位,归于自然和谐。然而,从来没有一成不变的世界。不要说人,神仙也打架,也争权夺利,竟然因为一场战斗,改变了宇宙秩序。

那一日,共工与颛顼约架,目的是争部落天帝之位。共工,传说中的水神,长相凶恶,人面蛇身,红发巨眼,脾气暴烈。共工的父亲祝融(2021 年 5 月 22 日到达火星表面的中国首辆火星车"祝融号"的命名就采用了共工之父"祝融"的名字)是火神,生就火一样的性格,他将暴烈火性遗传给了共工。颛顼,传说身具太阳神格,头生干戈,额首宽阔,充满智慧与力量。他的母亲怀孕时,梦见一条贯穿日月的长虹飞入腹中,不久便生下了颛顼。两位出身不俗,却又不安于现状,想要争夺更大的话语权，于是约定了一场旷世恶战。谁也无法形容这场战斗有多么凶险，也不知道各自在战斗中使了什么高招法术，直打得天昏地暗不辨东西。猛然间听得几声巨响，只见共工猛烈撞击不周山。原来是共工打败了，他愤怒至极，四处乱打乱撞，甚至迁怒于不周山。不周山，"宇宙"最西北的天地支撑，上有顶天的大柱和系地的巨绳。不周山再坚固，也禁不得力大无穷的共工的连续撞击，顶天大柱折了，系地巨绳断了，一下子打破了天地平衡。要知道，天地原本是合在一起的，是盘古将它硬生生撑开。现在支撑没了，天地吸引产生了相合之势，使得天之西北向下倾，地之西北向上倾。于是，天变得东南高西北低，天上的日、月、星辰都向西北移动（此说，很好地解释了远古人的困惑：为什么太阳、月亮总是从东南升起，从西北落下）；地变得西北高东南低，江、河、泥沙都向东南归集（此说，很好地解释了远古人的困惑：为什么天下的水流都不是向东，就是向南）。

就是这个神话，让消失在历史迷雾中的中国天文学的确切起源和许多天文地理现象，有了非常"合情理"

盘古开天，共工触柱！ 西边柱倒，日月星辰哗啦哗啦都往那边跑。

的说法。比如，这一撞，地轴倾斜、高低错落、西北天近、东南地远、西北干旱、东南水泽等自然现象，都有了"科学"的来由。

也是从这个神话开始，人们认识到，天与地是联通呼应的，天上有什么异象，地上必有相应的事件发生；地上有什么异常，天上必有相应的天象发生。特别地，在古人敬畏天地的思想下，人间万物的一举一动都是暴露在苍天的凝视之下的，不论你是在偏远无人的荒岛，还是在深藏地下的密室，一句"人在做，天在看"，绝对让你无处遁形。

按照地物命名天象，按照天象指令世人，中国古代天文学将物象与天象紧密结合。比如，人们在长期对天的观察中，发现天上有醒目的二十八颗星，东西南北各七颗，而七颗星的组合又各成形态。远古人看待天上的星，也像看人一样，他们认为如同人有家一样，天上的星星也有家，或者一颗单住，或者几颗住在一起，他们把星星的家叫作宿。于是，这二十八颗星叫作二十八宿。

东边七颗星——角、亢、氐、房、心、尾、箕，为东方

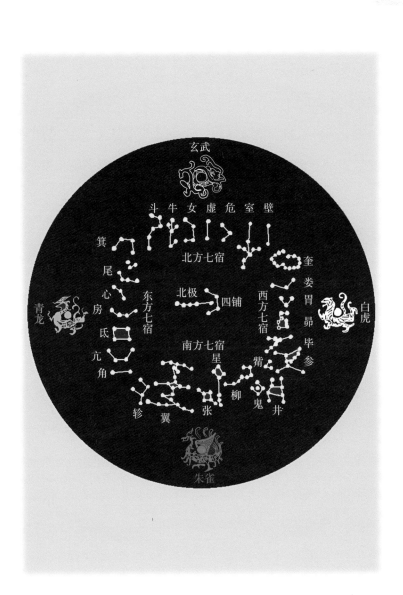

左青龙，右白虎，前朱雀，后玄武，古人心目中最理想的风水宝地。

七宿,其组合形状像一条龙,于是就称为东方青龙。

西边七颗星——奎、娄、胃、昴、毕、参、觜,为西方七宿,其组合形状像一只虎,按照五行西方属金,金色偏白,于是就称为西方白虎。

南边七颗星——井、鬼、柳、星、张、翼、轸,为南方七宿,其组合形状像一只鸟,按照五行南方属火,火色朱赤,于是就称为南方朱雀。

北边七颗星——斗、牛、女、虚、危、室、壁,为北方七宿,其组合形状像一只龟,在当时的传说中有一种形似龟的龟蛇组合物叫作玄武,且极有灵性,于是就称为北方玄武。

单从二十八颗星的发现和命名,已然尽显古人智慧,更何况将多星组合,形成了星宿组合图像——一种星象的概念,这是多么伟大的进步和成就啊!

且说天象显示即是人间照应,天上有青龙、白虎、朱雀、玄武,四大神兽显然是祥瑞之物,于是,人间亦然。君王建都城盖宫殿,无不按照这样的格局作为好风水的考量,这叫遵天命。不仅如此,达官显贵就连死后也要遵此才好,否则就会缺少上天的庇佑。1988年,考古人员在河南濮阳西水坡发掘出了距今 5000 多年的一座古墓,其景象令人惊叹。这是一个四人墓穴,头朝南的中间一人显然身份尊贵,周边其他三人分列在他的左右和脚下,应该属于陪葬者。而之所以让人惊叹,是因为不只这名死者有三人陪葬,更突出的是在他的近身右边,即东边,用蚌壳摆了一条龙,在他的近身左边,即西边,用蚌壳摆了一只虎,这大概表示始终都有神兽护佑;在他的脚下,即北边,还用蚌壳摆成似乎代表北极星的葬品,大概表示极(吉)星永照。这明显是寓意"美好"的天文在人间的情境展现,死者在墓中的这番讲究,无非就是想以美好的心愿转世,并将如此祥瑞传给子孙万代。

就是这个在古墓中的发现展示出的中国最古老的天文景象,一下子将中国天文学带回到距今 5000 到 7000 多年的仰韶文化时代。由此不难想象,在那个时期,中国的天文学已然卓有成就,且许多"宇宙密码"已然被聪明的古人深度解读,乃至应用。

在中国古人的心目中,天是一个无边无沿的圆形大盖,且四象在天,护佑着大地;而中国即是大地之中

心,属于最平安幸福的地方,不能想象国之外还有其他地方,即使有,也是茫茫深渊,水深火热。并且,除了天文四象以外,中国古人还结合地理属性特征,研究"发明"了五行、八卦,使得天文与地理相结合,天象与物象相结合,形成了一个立体交合的空间体系,使中国古人生活在一种更加神秘玄幻的氛围中。于是,"科学"与"玄学"耦合,中国古人将天文学的功效实现了现实应用的放大,进而又反促了天文观察向更广阔的天空延伸,天文学发展向更深层的研究推进。

观象占星

应天顺命，遵象立行。

奉天承运天子诏，逆意违上言。

冯相公，辨四时之序；

保章氏，识福祸妖仙。

天文有学，术业有专。

陋台打坐非为禅，全意观老天。

羲和杰，因馋杀无赦。

星图等，绝密钦天监。

天子明令，夜观天象。 顺天而行，国泰民安。

在中国远古人的眼中,天、地、人是有机的统一体,而且遵循着一定的宇宙秩序。特别是在当时奉天为神的思想指导下,不论是老百姓的日常生产生活,还是君王贵族的政治活动,都按照"天意"行事,不得稍有违背,否则不仅祸及自己,还会殃及他人。可以这样说,上至君王,下至百姓,人们将家国兴衰、自身命运均维系于天,在观天象、占星意中解读含义,指导实践。

观天象,占星意,并不是谁都可以做,也并不是谁都能做得到的。自诩为"天子"的君王"主动"承担起了这份职责,而老百姓也十分信奉"天子",因为只有他能与天通话,能释读天意。于是,在"天子"的授意和主持下,天文机构应用而设,天文官、占星家应时而生,天文观测台站应需而建。

2004年,考古学家在位于山西襄汾东北的陶寺遗址有了新的发现：一个巨大的直径约 60 米的半圆形土台，中心有一个半径为 25 厘米的圆圈，在中心圈外又有几个半径逐渐增大的同心圆夯土圈，土台四周有 12 个或者为长方形，或者为梯形的夯土地基。考古学家与天文学家共同研究推测，陶寺遗址很可能是中国最早的国家首都——帝尧都城（公元前 2000 年左右），而这个土台则是中国目前已知的最古老的天文台，台上的长方形、梯形夯土地基，应该是当时设立观测柱的地方。根据梯形地基之间狭缝的方位，天文学家进一步研究猜想，该天文台应该是用来测量日出方位的专门

陶寺遗址上复原的古观象台

站台,其观测结果用以确定冬至、夏至、春分、秋分等节气(这是二十四节气的直接源头),制定历法,从而指导生产。

古代天文机构及官职在历朝各代的名称不尽相同,如天文官职在秦、汉时叫太史令,唐代时叫浑天监、浑仪监;天文机构在宋元时代叫司天监、天文院,明清时代叫钦天监,等等。不论叫什么名称,古代的天文机构业务少却责任大,主要有两项内容:专职负责天文观测和历法编制。天文与历法是国之重器,是君王治国理政之重要工具。因而,在当时,天文机构、天文官、占星家,都属御用,绝不允许民间私设,如发现有私自观天占星者,甚或制造使用大型观测设备者,一律以谋反大罪论处。

司马迁在《周礼·春官》中提及战国时期的一位御用天文学家冯相氏:

冯相氏掌十有二岁、十有二月、十有二辰、十日、二十有八星之位,辨其叙事,以会天位。冬夏致日,春秋致月,以辨四时之叙。

春夏秋冬一年转一圈，真正的"魔"天轮。

一位御用占星家保章氏：

> 保章氏掌天星,以志星辰日月之变动,以观天
> 下之迁,辨其吉凶。以星土辨九州岛之地,所封封
> 域皆有分星,以观妖祥。以十有二岁之相,观天下
> 之妖祥。

冯相氏观天象,看对一年四季的征兆;保章氏占天星,看对九州各地的吉凶。而这些征兆、吉凶,一律及时汇报给君王,为君王决策历律、法令提供依据。

按说"天"的位置那么高,那么做与"天"相关的工作,且与"天子"相伴,应该是最为荣耀的事情了。但是,此官并不那么好当,此事并不那么好做,有时甚至要把命搭上。

话说上古帝尧时期,有两位杰出的"天文学家":羲氏、和氏(中国 2021 年 10 月 14 日发射的首颗太阳探测科学技术试验卫星"羲和号"的命名便缘于这两位天文学家)。帝尧命他们掌管天文,制定天象与气候的日历法则,推算播种与收获的节令规律。

羲氏发现：

二十八宿中：鸟星（指南方七宿，即朱雀）出现在正南方时，白昼和黑夜一样长，鸟兽交尾繁殖，人们在田间播种，一切生机勃勃，羲氏称这一天为"春分"；心星（东方七宿中的"心"）出现在正南方时，白昼长于黑夜，而且是一年中白昼最长、黑夜最短的一天，羲氏称这一天为"夏至"。

和氏发现：

二十八宿中：虚星（北方七宿中的"虚"）出现在正南方时，白昼与黑夜一样长，鸟兽换毛迁徙，人们在田间收获，到处硕果累累，和氏称这一天为"秋分"；昴星（西方七宿中的"昴"）出现在正南方时，黑夜长于白昼，而且是一年中白昼最短、黑夜最长的一天，和氏称这一天为"冬至"。

帝尧几经验证，认可了羲氏、和氏的观测结论。进而，在此基础上，又推算确定了一年有366日的最早的阴阳合历，并且特意设置了闰月，以使四时轮回、秩序不乱。

中国古代以来，把天象变化与农牧业活动相联系，

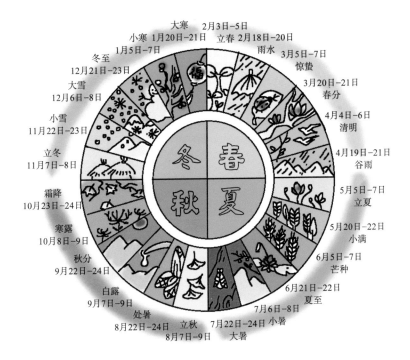

老祖宗厉害，摸透了老天的24种脾气。

命名一年的二十四个节气为：春季的立春、雨水、惊蛰、春分、清明、谷雨；夏季的立夏、小满、芒种、夏至、小暑、大暑；秋季的立秋、处暑、白露、秋分、寒露、霜降；冬季的立冬、小雪、大雪、冬至、小寒、大寒。二十四节气可用一首朗朗上口的歌谣简记为"春雨惊春清谷天，夏满芒夏暑相连，秋处露秋寒霜降，冬雪雪冬小大寒。每月两节不变更，最多相差一两天。"这首二十四节气歌，现代人耳熟能详，诗中"每月"指阳历的每月。尤其令人值得骄傲的是，2016年11月30日，二十四节气被正式列入联合国教科文组织人类非物质文化遗产代表作名录，被誉为"中国的第五大发明"。羲氏、和氏关于春分、夏至、秋分、冬至时令的发明，不正是二十四节气的肇始和基础吗，这是多么巨大的历史功勋！

然而，不久就发生了让人唏嘘不已的事。

那一天白昼，太阳当空，光辉灿烂，人们像往常一样生产生活，一切是那么平常无奇。可是，忽然，太阳不见了，白昼变成了黑夜。"天狗吃太阳，天下遭大殃"，在古人看来太阳从来都是明亮的，如果太阳出现了豁口，甚至完全不见了，那一定是万恶的天狗将它咬

凡狗啃骨头，天狗吃日头。

食了。太阳没了，世间不是要一片漆黑了吗？人们大为恐慌，以为上天动怒，马上要降临灾难。国主姒仲康也慌乱极了，忙问手下大臣出了何事，天意如何，并急召羲氏、和氏。此时，有人趁机向姒仲康"禀报"：主管天文的羲氏和主管历法的和氏是两个酒徒，并不专心于工作，而且酗酒无度。今日之事，定是他们又醉酒误事，没有及时报告此天文异象，给国家和人民造成了恐慌和灾难。姒仲康一听大怒，立刻命人将两人绳捆索绑拘来问话。羲氏与和氏并不好酒，其时也并未饮酒，两人向姒仲康解释：这种天象叫日食，是月球运行经过太阳前面，遮挡太阳而产生的一种自然现象，不是人力可以改变的，而且很快就会"食过天晴"。可是，姒仲康还惊魂未定，再加上听进了谗言，根本不信他们的"科学解释"，认为两人是在狡辩推脱，于是不由分说将羲氏、和氏治罪处死。

不知道古代天文学行业里是否有"当官要谨慎，做事要小心"这样的格言警句，但《尚书》政典篇中这句"先时者杀无赦，不及时者杀无赦"的律条，定是让那些天文官、占星家人人自危，个个尽心。

在中国古代,对国家、对君王而言,观测天象无疑是与整军、治民同等重要的事情,甚至更重要。因此,天文机构行政等级与户、吏、兵部等同,甚至更高;天文星图也与国家地图一样具有极高价值,视为绝密。正是这种极高地位和极高价值,且是在一代又一代君王重视、天文学家努力、老百姓的支持下,中国古代天文学有了极大的发展,形成了绝对领先世界的中国古代天文学文明。

关于中国古人观天测象,有一个有趣的故事:

1688 年,清康熙二十七年的一个早晨,法国传教士 Louis-Daniel Lecomte(中文名:李明)到访北京古观象台,他看到了意想不到的景象:观象台上有五个天文学家,一个在中间,另外四人分别在东、南、西、北四个方位,他们正眼巴巴地盯着天空,观察天上一丝一毫的变化。一问才知,他们已经一整夜待在观象台上观察,一刻也不敢移开眼睛,生怕误过天上的哪一个角落发生哪一个微小的事件。

李明在交流中得知,每日清晨,负责观察的天文学家要将观测记录准确汇报给天文管事,管事将各方汇

整个夜晚盯牢一块天看星星，古人真"精神"！

报情况汇总后，再呈报主官，甚至有天文异象时，还要及时奏报皇帝，以便及时准备应对措施。

就是这样一种极其原始的天象观察方式，直至清代，中国古人已经持续了 4000 多年。其对风、雨、雪、雹等的气象观测，对日食、月食、流星以及比地球离太阳远的外行星"冲（离地球最近时）""合（行星大致运行到太阳方向）"等的星象观察，为中国古人从事生产、开展生活发挥了极其重要的作用，对推进中国社会发展、文明进步，产生了极其深远的影响。

帛书星语

帛画写意，书卷录典。
汉代画表证天学，时风入图帖。
星占卷，科学与玄学；
天文书，千年观星略。

古籍盈盈，天运彰明。
五星出向东方合，兆谶利中国。
彗星闪，不速来访客；
彗星烁，帛向变身诀。

五星现于东方，出兵必胜。

去长沙旅游,有一个地方必去,那就是湖南省博物馆。因为那里的马王堆汉墓出土文物展,是世人了解中国历史,追溯中国文化发展最直接的物证。人们除了一睹保存完好的距今2100多年的女尸辛追"芳容",聆听关于她的美丽传说之外,精致的古代器件,精美的古代织品,精彩的"T"形帛画,珍贵的日、月、人、物情态形象,都是让人留恋驻足的"候物"。这些形形色色的文物,向人们讲述了那个时代中国的文明和成就。

据科学考证,马王堆汉墓建于公元前185年至公元前168年,正值西汉文帝减免税赋、励精图治之时。其时,社会开始变得繁荣昌盛,国家经济府库盈积,百姓生活丰衣足食。所谓"仓廪实而知礼节",富足了的人们更加注重提高人文修养,增强科学素养,特别是对中医养生的追求和对天文科学的探究。从文物中的彩绘气功图《导引图》和医学专著、药物学专著，可知人们对中医药养生更加注重；从文物中的天文学文献描述行星位置的专著《五星占》（现代人后来给出的命名）和专门描绘天象、气象的卷书《天文气象杂占》（现代人后来给出的命名），可知人们对观象占星更加推崇。还有，从覆盖于辛追棺上的"T"形帛画可以看出，星宿天象，宇宙观念，向天往生，已然成为王侯将相、寻常百姓不可缺少的思想内容和生活元素。

《五星占》是中国现存的最早、最完整的古代天文学著作，极具学术价值和史学价值。其内容概述了金星、木星、水星、火星、土星五大行星的运行情况、位置变化及其占文，是非常珍贵的研究五星运行规律、冲合周期及其星占意义的重要文献，是中国天文学史极其重要的发现。另外值得一提的是，世界上最早记录金、木、水、火、土五个行星运行规律的天文学著作是春秋战国时期楚国与魏国的天文学家甘德和石申所著《天文星占》与《天文》，后人将这两部著作并为一部并取名《甘石星经》。不过可惜的是，原著没有完整流传下来，只散见于同期相关史籍中。

五大行星,原本不叫金星、木星、水星、火星、土星,在汉代以前,它们的名称分别是太白星(金星)、岁星(木星)、辰星(水星)、荧惑星(火星)、填星(土星),天文学家与占星家在长期观测和占象中发现它们的属性与五行相合,于是就以五行定义命名了五星。

天文学家发现太白星是除太阳与月亮之外肉眼能看见的最亮的星星,它是太阳升起前东方最明亮的星,于是称为"启明星",而其色如黄金,于是又称之为太白星,即金星。

天文学家在观测中发现,岁星是五大行星中与太阳活动周期最相似的一颗星,它每十二年绕天一周,即过十二年,它又回到地球上空的同一点位,它运行每一年到达点位,像人们每过十二个月就是过了一年、长了一岁的感觉,于是称为"岁星",而中国古人的一年一般与农事相联,以草木兴盛衰枯为记,于是又称之为木星。

荧惑星非常有意思,它的运行轨迹有时从东向西,有时从西向东,让人捉摸不定,于是称为"荧惑星",而其色似黯淡的红火,于是又称之为火星。

太白星

辰星

荧惑星

岁星

填星

劝孙悟空上天庭当弼马温的太白金星真的是颗星星！

填星，还有个名字叫镇星，天文学家在观测中发现，这颗星每年要到二十八宿的一个宿中坐镇一年，依次轮流，二十八年一轮回，于是称为"镇星"，其又好似每年填加到一宿中"补空"，使这一宿"家庭成员"齐全，于是又称为"填星"，而其色呈土黄色，且亮度较弱，故又称之为土星。

辰星是离太阳最近的一颗行星，天文学家观测发现，它总是在太阳两边摆动，而且最大摆幅不超过三十度，运动轨迹像是钟摆，中国古代将一个周天划分为十二辰，每辰约三十度，这恰与这颗星的摆度相合，因像极了钟表计报时辰之动作，于是称之为"辰星"，又五星中金、火、木、土已各安其位，于是该星"当仁不让"被称为水星。

天文官和占星家发现，这五颗星是离地球最近且与地球一样绕太阳旋转的行星。它们到底是如何运行的？它们相对于恒星的运行位置，比如在二十八宿区域的位置，或者与其他星的聚合，都呈现不同组合之态，这又代表什么意思？这都激起了天文官和占星家的极大兴趣，于是他们首先便将观象占星的目光聚焦在这五颗星上。《五星占》正是这样一本中国古代的天文科学和占星历史记录本。

比如，它精确记录了金星、土星、木星的会合周期以及在一个会合周期中的动态情况；它指明金星的五个会合周期为八年，并按照这个规律记载了金星七十年的运行情况，以证其论；它在表中所列五星位置，完全是根据实际观测推算的，与实际天象相合，等等，这都反映出当时人们对行星的观测计算和天文运用已达到相当高的水平，并且为后来人深入研究天文现象及古代天文学发展提供了非常客观的资料。

再比如，书中有很大篇幅是占星描述："太白与荧惑遇，金、火也，命曰乐（铄），不可用兵。""荧惑与辰星遇，水、火也，命曰焠，不可用兵，举事，大败。"即根据五星表象预卜社会中的重大事件，以做出对与错、是与否、行与止的判断，是研究中国古代"占星文化"的极好史料。

据有关考证，《五星占》是世界上对金星运行规律认知最早的历史文献。同时，它也是穿越历史，至今依然能发挥作用的科学指导书。20 世纪 50 年代，有人就用《五星占》的观星知识和科学方法对金星的动态情况进行了测算并成功预报,足见其作用之深远。

"五星出东方利中国",这是 1995 年 10 月在新疆和田地区民丰县尼雅遗址出土的汉代织锦护臂上织有的八个篆体汉字。同时出土的,还有一件"诛南羌"织锦(残片缀合),同样有篆文:"五星出东方利中国,诛南羌,四夷服,单于降,与天无极。"这两段绣在汉代织锦上的"五星占"文字,同样表明中国古代天文学的真实历史存在,特别是对五星的研究。

在中国古代人看来,五星聚合,五行相谐,那是极其大吉大利之兆,于是对五星天象极为重视,也非常盼望五星聚合,从而期冀因此带来天下大吉、百姓大利。"老天从不亏人民",这样一个天象还真的就出现了。

话说公元前 206 年,汉王刘邦攻入咸阳,灭亡了秦朝,与楚王项羽就此对峙。第二年五月,五星会于东方,这让自刘邦至士兵、自天文官占星家至儒生百姓兴奋不已、激动万分,这是天意啊,定是要大汉兴,天下定。在"天意"昭示下,在君民齐奋力下,刘邦打败了项羽,统一了中国,建立了大汉王朝。于是,"汉之兴,五星聚东井",让五星聚合这一天文现象带上了更加神秘的色彩。两个"五星出东方利中国"的汉代织锦文物,正是古人将天文、史实、阴阳五行、美好愿望等融为一体的体现。而这两个织锦出现在新疆和田地区的古墓中,说明当时丝绸之路的繁荣,向西方传播的不只是茶叶、瓷器,还有天文科学、中华文明。

隋末唐初有个术士叫袁天罡,他的本职是道士,同时他也是个玄学家、天文学家,善占星卜卦,能预言吉凶,且上观五千年,下测三千年,是个极有本事之人。据传,他的预言事事应验。袁天罡预言,21世纪东方又将出现五星聚合之天文景象。现代人极其重视这个预言,科学家经过推算,这次五星聚会将发生在2040年9月9日。谶乎?实乎?预言与科学到底将如何,天象不怪,拭目以待。

再说说马王堆汉墓出土文物中另外一件珍贵东西,就是被现代科学家命名为《天文气象杂占》的帛卷。帛卷上有250幅图画,包含了云气占、日占、月占、星占以及掩星和彗星。特别是其中的29幅彗星图像,形态各异,清晰分明,每个星下还用极简文字标出彗星名称

来也匆匆，去也匆匆，彗星每次出现都背负着无数人的心愿。

及其占卜象征释文。从此"彗星图"可以看出，至少到汉代，古人对彗星已经有了极深的认识和研究，不只可以精确描绘每个彗星的外观形态，而且对彗星运动和"象征"也有了一定的研究，并按彗头和彗尾性状等对彗星进行了分类。据科学考证，此帛卷是世界上现存最早的彗星图，而欧洲到 16 世纪才出现能与此相提并论的彗星图，两者相差了 1700 多年。

彗星是一种天体，古人早已有认知。古人还知道，人类肉眼所见的星星大部分是恒星，以及几颗绕着太阳旋转的行星，再有就是偶然出现的彗星。古时观天设备少，几乎全靠人力观察和经年积累，因而对彗星数量的统计并不算多。彗星的偶尔出现和其独特的形状，让中国古人对它充满好奇，于是在观察的同时赋予它褒贬不一的定义。其实，彗星的本体是冰-尘冻结的"脏雪球"彗核，一般沿扁长椭圆轨道绕太阳运行。当它从离太阳很远的冷空间接近太阳时，因接受太阳的热导致冰升华为气体并带出尘，形成彗发，彗发的气尘受太阳光辐射压的推斥而形成气体和尘的两类彗尾。由于太阳活动变化而导致彗尾发生分叉扭曲等变化，因而从地球看上去的彗星形态多样。不同的彗星，彗头、彗尾形态各异。而且，彗星有朝太阳运动的，也有背太阳运动的，古代人肉眼只可以观测到接近地球的亮彗星形态。不同彗星、甚至同一颗彗星在不同时间有形态差别，或者"变身"。有的人看彗尾像锁链，彗头像锁头，很像民间的"长命锁"，于是将彗星出现看作好运降临，是天神赐福的征兆。而有的人将彗星当作异星，视为不祥之物，并且彗头彗尾的组合像扫帚，因而叫它"扫帚星"。从此，"扫帚星"也就成了民间不祥之物的代名词。

长命锁也好，扫帚星也罢，对彗星的观测实在不是一件简单轻松的事情。一般地，连续几年用肉眼都看不到几颗彗星。有人分析计算古人观测并记录彗星的数据发现，大约每10年人类在地球上能用肉眼清晰看到1～2颗明亮的彗星。观测10～20颗彗星，至少要用100年。那么完成《天文气象杂占》帛卷上的彗星图，做到准确定义、明确分类，按照至少1∶3才能得出一般规律的简单归纳统计法，做出帛卷上这29颗彗星的结论，差不多得观测到近100颗彗星，而这需要1000年左右的时间。显见得,古人观星何其艰辛也! 同时,也让我们感到,为了天文科学,古人之志又何其坚定也!

据史载,人类有连续记录的首颗彗星出现在中国秦王嬴政七年即公元前240年(见《史记·秦始皇本纪》)。后来的天文观测发现,这是一颗周期性出现的彗星,其绕太阳一周的时间(回归周期)约为76年,并证实这颗彗星就是英国物理学家爱德蒙·哈雷(1656—1742)发现的并成功预言回归时间的那颗彗星,后人为了纪念哈雷就将其命名为哈雷彗星。显而易见,中国对哈雷彗星的记录比西方早了1900多年。

从公元前240年起,哈雷彗星的每次出现,中国都有记录。特别是在公元837年4月5日夜,"一头秀发"的哈雷彗星突然出现了,它拖着长长的"秀发"(彗尾)飘在几近120°的天区中,蔚为壮观。《新唐书》图文并茂地完整记录了整个过程,记录下迄今为止的人类历史上哈雷彗星最为壮丽的一次出现。这一记录,更加有力地表明中国古代天文学的遥遥领先和极大贡献。

哈雷彗星最近一次回归是在1986年,当时有很多人目睹到它姿态变化的丰富。那么根据它的回归周期可以预测,哈雷彗星下一次回归时间应在 2061 年至 2062 年。

2023 年 1 月中国紫金山天文台、2023 年 3 月南非一个小型机器人和预警系统先后发现天空的同一颗"新星"——C2023－A3 紫金山阿特拉斯彗星,并且经过科学测算,这颗约 6 万年才会出现一次的彗星将于 2024 年 9～10 月间成为人们在地球上用肉眼可以观看的一颗亮星。这一天体访客即将莅临,不只天文学家,每一个得知消息的人已然翘首以待,期望争先一睹这场绚烂天空的视觉盛宴。

宇宙三观

道生万物，妙玄几何。

禀授宇宙虚且廓，四方八极桥。

舒之阔，展幪于六合；

卷之仄，不盈于一握。

天来有自，人孰无觉？

盖天浑天宣夜说，其论互不驳。

三观同，天高地广阔；

三观和，日升星不落。

宇宙有三观，你信哪一个？

在中国古代诗词曲赋中,有一首南北朝民歌,极其有名:

敕勒歌

南北朝·佚名

敕勒川,阴山下。

天似穹庐,笼盖四野。

天苍苍,野茫茫,

风吹草低见牛羊。

唱此歌,男声北腔才好,且应加以长调,才显现天高地阔,生活悠长。因为,歌中不只讴歌水草丰美的茫茫原野和牛羊肥壮的幸福生活,同时盛赞穹庐笼盖的无边天宇和苍苍老天的无尽庇佑。女声细腻,表达不出粗犷；南腔绵柔，表现不出沧桑。

"天似穹庐，笼盖四野"，正是古人"盖天说"的思想。 想象一下，天圆如蒸笼上的盖子，笼盖着方如棋盘的大地与万物，与"外界"隔绝。 于是，处于"天盖"下的万物安全自然，生活在"天盖"下的人类惬意满足。

不需猜测，盖天说，也即古人的"天圆地方"说，是古人以"天大地大，唯我独中"理念，"坐地观天"生出的思想。 这也难怪，对于从来没有离开地球半步的古人而言，抬头仰望皆为天，低头俯看皆为地，何曾全景式看到过自己脚下的大地？ 因而，在古代人的识念中，只有大地一马平川之"平"的概念，而且不论行走千里万里，落脚之处还是"平"地，完全没有地球圆若蛋卵之"球"概念，直至张衡提出"浑天说"：

　　浑天如鸡子，天体如弹丸，地如鸡中黄，孤居于内，天大而地小，天表里有水，天之包地，犹壳之裹黄。天地各乘气而立，载水而浮……天转如车毂之运，周旋无端，其形浑浑，故曰浑天也。

——张衡《浑天仪注》

人们怎么也不会想到，大地是平整一块的认知，会有朝一日被另一个"鸡蛋说"——"浑天说"颠覆。根据浑天说，张衡创制了世界上第一架用水力运转的自动天文仪器——浑天仪。此外，张衡还创制了世界上第一架测报地震的仪器——地动仪，世界上第一架观测气象的仪器——候风仪。张衡一人创造了三个"世界第一架科学仪器"，实属罕见，为我国和世界科学发展做出了巨大贡献。这些仪器都是当时世界上最先进的观天测地仪器，不仅提高了观测精度，也为后来天文学开展相关研究提供了有力工具。

还有可溯源至古代战国时期的《庄子·逍遥游》："天之苍苍，其正色邪？其远而无所至极邪？"的"宣夜说"思想，以及唐代天文学家、易学家李淳风书载汉秘书郎郗萌记录其先师的"宣夜说"：

天了无质，仰而瞻之，高远无极，眼瞀精绝，故苍苍然也。譬之旁望远道之黄山而皆青，俯察千仞之深谷而窈黑，夫青非真色，而黑非有体也。日月众星，自然浮生虚空之中，其行其止皆须气焉。

——李淳风《晋书·天文志》

按说天地存在，唯有一说才对，而且，新的理论一般应该代替旧的理论，可奇怪的是，在中国古代，这三种截然不同的"天说"理论——"盖天说""浑天说""宣夜说"会长期共存，并经常引发悖论，有时甚至相互影响。这可真正体现了中国古时的文化发展思想，允许百家争鸣，可以百花齐放。

现在看来，世界上最聪明的人，莫非中国人。就拿"天从何来"这件事来说，"盘古开天"这种说法在后人看来是越来越站不住脚了，因为人们越来越不相信远古会有那么一位法力无边的巨型"人物"存在。那么天是怎么来的呢？这难不住中国人。道，成为中国人破解这一难题的新思妙解。所谓"道生一，一生二，二生三，三生万物"，任凭你举出什么东西来，没有道"生"不出来的。于是，道生天，毫无悬念。

盖天说：别怕，我"罩"着你们！

或许睁大眼睛，你也找不到"道"在哪里，那么你就闭上眼睛想，"道"就出现了。

《淮南子》，又名《淮南鸿烈》，是一本涵盖天文学、医学、自然科学、音乐、谋略、政治的，将想法和知识巧妙融合的汉代"百科全书"，同时也是一本凝聚了中国古代思想和智慧的哲学专著。这本成书于公元前139年的宏伟著作，就用"道"很好地诠释了万物起源，道出了天地来由：

夫道者，覆天载地，廓四方，柝八极；高不可际，深不可测；包裹天地，禀授无形；原流泉浡，冲而徐盈；混混滑滑，浊而徐清。

故植之而塞于天地，横之而弥于四海，施之无穷而无所朝夕；舒之幎于六合，卷之不盈于一握。

——《淮南子·原道训》

从这段说"道"文字可看出，"道"何其宏也，覆天载地，包裹天地，高深莫测；"道"何其能也，能植之，能横之，能施之；"道"何其玄也，舒展开来充满天地四方，卷

缩回来不过手掌一握。如此容量强大的"道",如此功能博大的"道",生出个把天地,算得了什么呢? 于是:

> 道始于虚廓,虚廓生宇宙,宇宙生气。气有涯垠,清阳者薄靡而为天,重浊者凝滞而为地。
>
> ——《淮南子·天文训》

"道"不仅能生成天地万物,而且将"共工触柱"后残破天地"造型""定性":

> 天道曰圆,地道曰方;方者主幽,圆者主明。
>
> 明者,吐气者也,是故火曰外景;幽者,含气者也,是故水曰内景。
>
> ——《淮南子·天文训》

这就是《淮南子》根据古老宇宙理论介绍的"盖天说":大地是像棋盘一样的扁平正方形,而天像一只倒扣的碗一样笼罩着地球。而此说,也正与公元前600多年的天文与数学著作《周髀算经》中"算"出来的"天圆地方"说相合。于是乎,"盖天说"一度大行其道,甚而至于人们在民间找到代表神兽——乌龟,方形平底加上半球形壳,外御风险,内藏生命,实在是天造地设。

然而,随着古人的日渐"开明","盖天说"遭到质疑:半圆形的天盖住了地上,那么地下呢? 还有,天是圆的,地是方的,边缘是怎么严丝合缝扣盖在一起而没有泄漏呢? 再有,四季变换白昼黑夜长短不一样,这是怎么回事呢?

科学,永远是在质疑和释疑中创新前进的。张衡,东汉时期杰出的天文学家、数学家、发明家、地理学家、文学家,以"绝世清醒"解决了"盖天说"的疑难问题,用"浑天说"给出了"合理"解释。

正是这个学说,解释了人们的疑窦:天之所以合而不漏,是因为周天如圆球,并非想象中的半球倒扣;地之所以无论何处皆为地上,是因为地圆如弹丸,并非想象中的扁平方盘。而且,天大地小,地是完全被包在天中的。至于天与地之间则是"乘气而立""载水而浮",所以天地就形成距离相对固定之态,不至于"蛋黄"跌

浑天说：别慌，保证你浑而不乱！

落至"蛋壳"的任一方。此外,张衡认为:地球(蛋黄)是左右不动的,包裹在外面的天球(蛋壳)绕着"地轴"在不停地旋转——可谓之"天旋",地球只沿着地轴上下运动。其实不然,人们后来终于搞"清楚"了这一机理:天是不旋转的,是地球在自转——地转,天旋是地转的反映。于是,发生春夏秋冬四季变换,白昼黑夜轮替。而风雨雷电、雾霜雹雪等气象变化,则发生于大气低层。

就是这个学说,将人们从对"盖天说"各种难解问题的纠结中释放出来,对比一想,一下子就释然了。"浑天说"提出后,逐渐转变了人们的"盖天说"思想。至唐朝时,"浑天说"干脆代替"盖天说",成为当时人们认知天地的"正确"主流学说。

前已叙及,与"盖天说""浑天说"并存的,还有"宣夜说"。只不过,"盖天说"的思想在人们心目中根深蒂固,"浑天说"的说法又让人们觉得头头是道,因而,"宣夜说"似乎一直弱于另外两种学说,有点不入主流的意思。但是,"宣夜说"提出:宇宙是无限的,没有什么壳与顶之说。宇宙中充满气体,气体(和尘埃)因重力作

宣夜说：别急，我们大家都在转！

用而凝结,形成日月星辰。各种天体都漂浮在气体中,按照各自的特性做着不同的运动。这些以现在视角看来更具科学性的理论,足可证明中国古人在天文学发展史上有过多么超前的思想智慧和发挥过多么重大的作用。

中国,历来有大度包容之品格,对天文学研究也一样。三种天文观并存,并不影响中国古人坚持自说、参鉴他说。也正是在这样的互不承认、互相比对,又愿意共存、互相促进的兼容并包、思想激荡的人文氛围下,促进了中国古代天文学的极大发展。我们现在知道,限于历史条件,上述的三种天文观主要是关于地球与"天"的所在宇宙部分而言的,而全部的大宇宙的结构和演化则是现代宇宙学的研究任务。

千里一寸

日出于东，日没于西。

古人作息看晷移，物影相与随。

柱竿表，体直立为标；

磨盘圭，身正定刻位。

日照于南，日曜于北。

同经千里差寸光，汉问唐人追。

南宫说，测地举国为；

一行曰，煦授四倍晖。

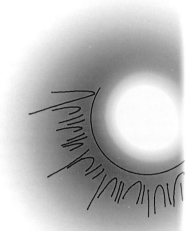

108

道听途说，不如亲自检验。

　　远古时代没有钟表,也没有计时仪器,那种"'梆-梆-梆'敲三下竹杠,'镗'打一下锣,然后更夫高喧一声:三更天了"的情节,是发明了更漏计时器以后才出现的。那么在没发明计时器以前,远古人是怎么计时作息的呢?

　　看太阳,观物影,这是古人最原始的计时方式。日出而作,日中而歇,日落而息。远古人的生活不复杂,把握这三个时间,生活已然规律自若。然而,随着生活的丰富和需求的增加,人们发现,不少事情需要在相对固定的时刻去做,或者一些任务要在某个大概的时段去完成,因而,把握更多的时刻成为他们理顺生活的新需要。

　　聪明的古人在生产生活中逐渐发现,太阳从东到西、由升到降,树木和房屋会随着太阳的位置变动在地面留下长短不一的影子，而这些影子的变化很有规律。于是，立竿见影，以影计时，成为古人最初的理念。

古人通过实践发现，因树木长高及折损、房屋形体过大不便选参考点等因素，用一个长度固定、参考点固定的物件代替树木房屋，才能有相对准确的计时。于是，圭表，一种符合古代人计时要求且使用便捷的仪器就在这样的思想下诞生了。而且，据考证，中国古人早在公元前 20 世纪就开始使用圭表，这将我们的认知一下子拉回到 4000 多年前的夏朝。

起初，人们的做法是，在室外的平地上直立一根竿子或石柱（人们将它叫作表），用尺子丈量在太阳照射下的竿影的长度和方向，从而测算时间。为了便于随时随地操作，人们还发明了可折叠的移动简易圭表。但这种测量完全采用手工方式，难免有较大的误差。

后来，人们发现，日中时，竿影总是在正北方，而且随着太阳在天空的位置于上午、下午发生变化，竿影出现由长到短、由短到长有一定规律的变换，形成一定的曲线图形。于是，人们便按照这种规律做了一个有刻度的圆形石板（尺子，人们将它叫作圭）平放在地面上，

从日晷到原子钟，计时设备与人类文明的发展形影不离。

石板正中垂直立一根竿,观测时直接观影看刻度即可,不必再用手工丈量投影长度,这使得测量更加精细准确。这种测时间的圭表称为"日晷"。

北京古观象台日晷

就这样,一个改良版的极具科学性的圭表成为天文测量的新宠。其时,天文学家正在为冬至日的准确测定而发愁。要知道,在古代历法中,冬至日曾一度是一年的第一天,测定冬至日进而才能确定回归年的长度,才能精确编制新年皇历。一种特制的专门测定正午(南北)影长的最短和最长而定夏至日和冬至日的圭表,极好地辅助解决了这个问题。由元代天文学家郭守敬创建的河南登封观星台(我国现存最古老的天文台)内的"测景台"就是这种圭表。

河南登封观星台遗址

科学家的难能可贵之处，不只在于对新东西的创造力，还在于对旧东西的质疑。这不，汉代科学家就对使用了近2000年的圭表测时提出质疑。科学家按照人们在不同地区正午时测量日影的不同结果，提出了"千里差一寸"的说法。

千里差一寸，那意味着在地球的南北子午线上，两个相距一千里（唐代1里约为现在的443米）的两个点，正午同时用同样的圭表测量日影，两个结果相差一寸。如果测量结果是对的，即"千里差一寸"，那么以往的在一个点测量的结果应用于全国的任何地区的做法就是有问题的，且与此有关的科学结论都相应地会有问题。这可不是个小事情。

于是，汉代的科学家进行了验证，几次测量结果都与"千里差一寸"说法不一致，但没有形成结论。到了隋代，又有天文学家奏请皇帝对该说法进行科学验证，但隋朝短暂，一奏不准，没几年隋朝结束，再奏没有了机会。直到唐玄宗时期，这件事迎来了机遇。

公元724年，天文学家南宫说等受皇命解决"千里差一寸"问题。一下子，这个问题提到了受皇帝重视的

国家行动高度,有关的天文学家、数学家齐上阵、同协力。宋初宰相王溥所撰《唐会要》描述了这个过程:

> 开元十二年四月二十三日,命太史监南宫说及太史官大相元太等,弛传往安南、朗、蔡、蔚等州,测候日影,迴日奏闻。数年伺候,及还京,与一行师一时校之。

大唐时代,开疆拓土,当时的中国版图比现在要大很多。南至苏门答腊岛、爪哇岛,北至北冰洋,东至朝鲜半岛,西至黑海,铁勒(又名敕勒、高车,位于今蒙古)、交趾(位于今越南)等都在当时的版图之内。

于是,南起林邑(北纬 17 度,位于今越南),北至蔚州(北纬 40 度,今河北蔚县),子午线长度约为 2500 千米。也有说北至铁勒(北纬 51 度),子午线长度约为3800 千米,一场声势浩大的天文大地测量工程开展起来。

按照需求,皇帝为测量工程配备了诸多工匠,建造了十余个观测点,每个观测点配备若干名天文学家,竖

从"千里差一寸"到"千里差四寸"，
是中国天文学对"严谨"一词的诠释。

起 8 尺高圭表(唐代 1 尺约为现在的 30.7 厘米),极其严谨地开始了测量。而且,帝都长安也作为测量点之一,便于皇帝第一时间知道测量进展和了解帝都与各地区的时间差异。这次大测量历时约 4 年,特别对夏至日和冬至日进行了认真测量和严格比对。因为,夏至日,太阳距地平的高度最高,正午时圭表的影子最短;冬至日,太阳距地平的高度最低,正午时圭表的影子最长。

精确的测量,精准的数据,得出准确的结论。测量结束,南宫说将所有数据交给当时极负盛名的天文学家、数学家、释学家僧一行进行科学分析。以每两个观测点的影长差,与两个点之间的距离进行比对,采用多组数据计算分析,僧一行最终得出结论:"千里差一寸"的说法不准确。僧一行报告:根据度量,圭表影长差一寸,对应距离为 250 里。250 里差一寸,那么千里差四寸。这一科学实验和结论,一下子解决了困扰许多代人千百年来的疑问。

也正是缘于此次天文大测量,让僧一行这位中国古代伟大的天文学家名声大噪。此次大测量的功绩,不仅是对"千里差一寸"的说法进行验证,更为重要的是,利用这次天文大地测量,僧一行对当时的疆域进行了精确计算,并创新地提出了计算地球轨道中心差的方法,对我国古代天文学的发展发挥了极为重要的推动作用。

"科学是老老实实的学问,来不得半点虚假,需要付出艰巨的劳动。"果然如此,为验证"一寸"之长短多少进行的大规模测量,唐代天文科学家付出了艰辛,体现了能力与水平、品格与精神。而这,只是数千年中国古代天文学发展中的一个代表,一个缩影。

客星迷案

星辰有常，突访是客。
惟德伏睹新星现，占辞曰兴国。
宋有贤，雄州俊采列；
宋至和，要辑称盛多。

国运兴衰，天象造作。
东汉中平客掠过，掌谶为兵祸。
二年报，星出人马座；
六年果，战乱应预说。

120

"扫帚星"出现，祸耶？ 福耶？

　　几千年来，在中国古人的眼中，宇宙是有秩序的。天上的星星如同地球王国的公职人员，有白天送光明温暖的，有晚上使夜空绚烂的，有专职四季轮换的，有负责定位指向的，各星司职，有条不紊。然而，这只是人们对已知星星的认知。浩瀚宇宙，无穷无尽，不定期的，会有一些亮度突然大增的新星出现，或者曾经出现过的彗星，过几年甚至几十年又回归出现了。古人认为，新星出现，预示着天下有大事发生。特别是彗星，一度被占星家贴上"晦星"标签，它的出现，昭示不祥，天下恐慌。

　　中国人一度谦和，向来先礼后兵，对天上的星星也一样。不论新星，还是彗星，不论其有益，还是昭祸，来者都是客，于是，古人给偶现的新星，周期性造访的彗星，统一起了个好听的名字——客星。

公元 1054 年 7 月 4 日,农历五月己丑日,拂晓时光,太阳将升未升,月亮将落未落,大宋国都开封,一切如往常那么安谧宁静。在司天监观象台上值了一夜班的天文学家杨惟德揉揉酸困的眼睛,打了个哈欠,同时举高双手伸了个懒腰,马上要下班换岗了,他终于可以适当放松一下。如果不出意外,那么他要在记录本上写下"天行正常,一夜无事"之类的值班结论。可就在这时,天边出现了奇怪的光芒。人们都知道,天亮前,天边最亮的星是启明星,即金星。而此刻,天天观测天象的杨惟德发现,这个光芒比启明星亮多了,而且这光芒明显与启明星不一样。杨惟德立刻屏住气息,定睛观瞧。他发现,天边的这颗星正发出极其明亮的光,如满月般照亮黎明前的黑夜。杨惟德大为惊奇且高兴至极,这位"训练有素"的天文学家立刻断定,这是一颗难得一见的"客星"(超新星)。而且在其后的观察中,他更加坚定地确认了这个想法。"客星"持续发出明亮的光芒,直到两个小时后黎明前太阳即将喷薄而出,天色已然大亮,仍然可以看到这颗星挂在天边。这就是著名的 1054 年超新星爆发,其遗迹成为蟹状星云,至今仍

彗星 ≠ 晦星，彗星 ＝ 客星。

是重要的观测研究对象。

北宋时期，工商业的不断繁荣带动了整个社会深刻变化，文化开新，科技发展，印刷术、火药、指南针（罗盘）等发明创造引领时代快步前进；天文学发展，天文学家的创造力和研究活力迸现，许多大型且极具超前意识的天文设备、仪器设计并制造，如苏颂发明了水运仪象台，是"集天文观测、天文演示和报时系统为一体的大型自动化天文仪器"，被誉为世界上最早的天文钟。天象观测也一样。此时对天象的观测也更加科学化、深入化、严苛化、规范化，体现出高度的文明进步。杨惟德就是在这个时代这样的理念下成长起来的皇家天文官。

为了进一步甄别它不是彗星，而是新星，连续几天兴奋劲不衰的杨惟德用肉眼看，使用仪器观察，以科学方法测算。及至两个月后，他发现"客星"还在那个位置，它依然发着同样迷人的光芒。通过认真观测，他极其审慎地写下了观测记录。《宋会要》对这件事记载如下：

至和元年七月二十二日（1054.8.27），守将作监致仕杨惟德言："伏觊①客星出见②，其星上微有光彩，黄色。谨案《黄帝掌握占》云：'客星不犯毕，明盛者，主国有大贤'。乞付史馆，容百官称贺"。诏："送史馆"。

　　"客星出见""微有光彩，黄色""明盛者""主国有大贤"，这份简明扼要的天文观测记录，这套极具振奋的占卜之辞，想来宋仁宗御览之后定然龙颜大悦，故立即敕令，"诏：'送史馆'"。不知道仁宗皇帝给予了杨惟德什么封赏，文献没有记载。人们更想知道，"客星"昭示准不准，"大贤"到底是哪一位？

　　宋仁宗时代，中国历史名人爆发式出现，以致有人戏称宋仁宗是"皇帝中的人才收割机"。欧阳修、王安石、司马光、苏轼、范仲淹、沈括、苏颂、包拯、张载、程颐、程颢……还有很多文学家、书法家、科学家、军事

---

① "觊"为"睨"之异体字。
② "见"同"现"。

家、政治家,哪一位都是响当当的人物。才以辅国,他们算不算大贤?

杨惟德,宋仁宗时代天文学家,忠于职守,兢兢业业,为国家发现"明盛者""客星"。据说,他是一位"大隐于市"的高人,精通军兵谋略,善会奇门遁甲,能以奇门之术帮人趋吉避凶,能以遁甲之法助军趋利避害。心系国运,杨惟德算不算大贤?

宋仁宗,勇于革新,善于纳谏,亲贤臣,远小人,使国家经济快速发展,科技文化进步,人民生活幸福安康。他性情宽厚,以仁治事;但律己甚严,不事奢华。知人善治,宋仁宗算不算大贤?

哪一位是大贤,《宋会要》没表,其他文献材料也没说,到底成了历史迷案,至今人们还在探讨。

要说宋代"客星"出现的昭示答案没有确解,那么再看看汉代"客星"出现时的预谶与结果,你会大为惊愕。

《后汉书·天文志》根据公元 185 年东汉时期一位天文学家关于"客星"的报告及其卜辞,以及结合史实编撰的天文记录,再现了当年的情景:

中平二年十月癸亥,客星出南门中,大如半筵,五色喜怒,稍小,至后年六月消。占曰"为兵。"至六年,司隶校尉袁绍诛灭中官,大将军部曲将吴匡攻杀车骑将军何苗,死者数千人。

时间,事件,事物,性质,过程,结论,卜辞,事例,要素清晰,叙事清楚。要说写文论事之短小精悍,世界上没有哪个国家的文字能超过中文的。而古代天文学家、史学家对"观星占象"的记录、描述,又当别具一格。这段皆为史实的天文资料及其卜辞和事实,特别用来说明:"客星"是真的,而且一出现就在人们眼前持续耀眼近两年的时间;卜辞是对的,虽然从"客星"消"为兵"语出到真的出现战争,又过了约两年的时间,但到底是打仗了,而且死了数千人;以"客星"占吉凶福祸也是对得上的,因为不论哪一次"客星"出现,不管是当年,还是过了一年两年甚至几年,所占之事终究是出现了。

现在我们知道,以"客星"占卜天下大事,纯属"神

"神州"应无恙，当惊世界殊！
　　——致敬所有一直仰望星空的先辈今人

话"，是封建迷信。天体隐现，是某类恒星"自然"演化的表现。然而，不能否认的是，关于客星的观测和记录，那是真正的智慧与科学。寥寥数语，便将"客星"细节"捕捉"。可以说，"精确"，是中国古代天文学家观测与记录天象真真正正表现出来的严谨精神，是现代天文学者乃至其他研究学问、落实任务者该当奉行的行为守则。

其实，岂止"客星"，天上的每一颗星至今仍"神秘莫测"，有待我们去探索。而今，玉兔登月，祝融探火，北斗导航，神舟飞天，中国的天文学已开创新纪元。

结 束 语

　　研读中国古代天文学有关文献图书，我深深折服于两点。一是中国古代天文学竟然有那么大的成就，不仅在世界独领风骚，而且伴随着数千年绵延不绝的中华文明，中国古人观天测象的工作延续连绵，没有中断过。一是中国古代天文学家观天象虽不能凭借先进仪器设备而全凭肉眼观察，但古代科学家骨镌科学精神，心存坚定信念，观察明细精确，终于硕果累累，成绩斐然。

　　特别感谢上海交通大学出版社，策划了"漫话中国古代科技"系列科普丛书。在编辑的耐心指导和向有关专业人士几经请教后，我沿袭已经出版发行且颇受读者喜爱的《四大发明的古往今来》的创作方式，创作了本书。同时，我请曾为《四大发明的古往今来》插画的曾博文同学再度出手配图,因为她的图富有童趣,图中有话,特别为同龄青少年读者青睐。

作为一本面向青少年读者和天文爱好者的科普书,介绍中国古代天文学的历史典故和天文学发展及成就,是本书一个方面的要旨。另一方面,则着眼于青少年正值人生观、价值观、世界观的形成时期,以中国古代天文学的巨大成就引发他们崇敬祖国的自豪和骄傲,以中国古代天文科学的光辉历史激发他们立志为学的兴致和情愫,以中国古代天文学家的优秀精神启迪他们自觉求真的习惯和品行。

正所谓——

日出而作日落息,冬去春来草离离。

方圆有道蕴物理,九州三才悟先机。

测影究时著法历,观星寻律释惑疑。

仰首问天四千载,古学作成今学梯。